BEI GRIN MACHT SICH IHR WISSEN BEZAHLT

- Wir veröffentlichen Ihre Hausarbeit, Bachelor- und Masterarbeit

- Ihr eigenes eBook und Buch - weltweit in allen wichtigen Shops

- Verdienen Sie an jedem Verkauf

Jetzt bei www.GRIN.com hochladen und kostenlos publizieren

Bibliografische Information der Deutschen Nationalbibliothek:

Die Deutsche Bibliothek verzeichnet diese Publikation in der Deutschen National-
bibliografie; detaillierte bibliografische Daten sind im Internet über http://dnb.d-
nb.de/ abrufbar.

Impressum:

Copyright © 2019 GRIN Verlag
Druck und Bindung: Books on Demand GmbH, Norderstedt Germany
ISBN: 9783668983427

Dieses Buch bei GRIN:

https://www.grin.com/document/492340

Sina Schulze

Winterlicher Wärmeschutz im Wohnungsbau

GRIN Verlag

Winterlicher Wärmeschutz im Wohnungsbau

Hausarbeit im Modul

„Bautechnische Grundlagen (BR 13)"

BR-WS17-W1

an der

EBZ Business School,
University of Applied Sciences, Bochum

Eingereicht von

Sina Melissa Schulze

Bochum, 07. Mai 2019

Inhaltsverzeichnis

Abbildungsverzeichnis

1. Einleitung

Bauwerke sind das ganze Jahr unterschiedlichen klimatischen Bedingungen ausgesetzt. Wenn es darum geht im Inneren ein ganzjährig angenehmes Raumklima zu erreichen, kommt dem Wärmeschutz eine außerordentliche Bedeutung zu. In der Bauphysik wird zwischen winterlichem und sommerlichem Wärmeschutz unterschieden.

Diese Hausarbeit beschränkt sich ausschließlich auf die Thematik des winterlichen Wärmeschutzes. Ziel ist es Energieverluste durch den Abfluss von Wärme nach außen durch die Gebäudehülle zu verringern, sodass der Bedarf an Heizwärme minimiert wird. Diese Funktion wird von einer Wärmedämmung erfüllt, die zum Beispiel in Deutschland gemäß der Energieeinsparverordnung (EnEV) vorgesehen ist. Energie- und Kostenersparnis sind ein zentrales Thema in der Immobilienwirtschaft, nicht zuletzt da die Energieträger für Heizenergie nicht unendlich zur Verfügung stehen und die Preise für Rohstoffe, aus denen Heizenergie gewonnen wird, erheblich angestiegen sind. Durch eine korrekt ausgeführte Dämmung können daher Kosten eingespart werden. Zusätzlich wird den Bewohnern eine hygienisch optimierte Lebensweise ermöglicht, die Baukonstruktionen werden vor klimabedingten Feuchteeinwirkungen geschützt, und auch gesundheitliche Gefährdungen, die im Zusammenhang mit Wärmeflüssen, insbesondere durch Schimmelwachstum, auftreten können, werden vermieden. Ein guter Wärmeschutz vermeidet außerdem Komforteinbußen beispielsweise durch einen Mangel an Wärmestrahlung im Raum oder durch Zugerscheinungen, welche beide durch kalte Oberflächen verursacht werden können.

Die Hausarbeit beginnt mit einer Einleitung. Im zweiten Abschnitt wird auf die Bedeutung des Wärmeschutzes sowie auf Auswirkungen bei unzureichendem Wärmeschutz eingegangen. Der dritte Abschnitt behandelt die verschiedenen bauphysikalischen Faktoren, welche im Bereich des winterlichen Wärmeschutzes eine bedeutende Rolle spielen. Hier werden zunächst in erster Linie Begrifflichkeiten erläutert. Der vierte Abschnitt beinhaltet die Anforderungen an den winterlichen Wärmeschutz. An dieser Stelle wird auf die betroffene DIN 4108 und die ergänzende, verbindliche Energieeinsparverordnung eingegangen. Im fünften Kapitel der Arbeit werden ausgewählte Gebäudeteile beschrieben sowie die konstruktive Umsetzung der Wärmedämmung an diesen erläutert. Im letzten Abschnitt wird der Inhalt der Hausarbeit zusammengefasst und ein Fazit ausgearbeitet.

2. Bedeutung und Auswirkung des Wärmeschutzes

Dem Wärmeschutz bei Gebäuden kommt eine besonders gewichtige Bedeutung zu. Die Baumethodik- und Techniken sowie die Verwendung von neuen Baumaterialien erfordern ein fundiertes Wissen über die wärmephysikalischen Vorgänge in den Baustoffen und Bauteilen. Des Weiteren muss im Weitblick auch auf Hygiene, Ökologie und Wirtschaftlichkeit geachtet werden.[1] Besonders die wirtschaftliche Bedeutung hat stark zugenommen. Optimaler Wärmeschutz kann den Wärmeverlust um 40 bis 50 Prozent vermindern, was mit einer

---

[1] Vgl. Bounin, K.; Graf, W.; Schulz, P. (2010): Schallschutz, Wärmeschutz, Feuchteschutz, Brandschutz, Vollst. überarb. Neuausg, München, S. 214.

erheblichen Kostenersparnis verbunden ist und daher amortisieren sich notwendige Aufwendungen für erforderliche Maßnahmen in kürzester Zeit. Außerdem werden Kälteschäden sowie Schäden durch Tau- und Schwitzwasserbildung vermieden.[2]

Unzureichender Wärmeschutz führt außerdem auch zu absehbaren gesundheitlichen Schäden. Bewohner von feuchten, nicht ausreichend beheizten Wohnungen können in Folge dessen an Atemwegserkrankungen, Rheuma oder Tuberkulose erkranken. Die Behaglichkeit hängt jedoch nicht nur von der Raumtemperatur und der Luftfeuchtigkeit ab, sondern zum Beispiel auch von der Luftbewegung und der Oberflächentemperatur von Wänden, Decken und Fußböden. Und auch die Aktivität der Menschen in der Wohnung spielt eine Rolle, da der Mensch dauernd Wärme in Form von Wärmeabstrahlung an die Umgebung abgibt. Somit ist eine Anpassung der Umgebungstemperatur sowie der relativen Luftfeuchtigkeit im Verhältnis zur Temperatur an jedes Individuum notwendig.[3]

Eine gute Wärmedämmung ist also aus gesundheitlicher, wirtschaftlicher, hygienischer und ökologischer Sichtweise unumgänglich.[4]

3. Bauphysikalische Faktoren

Im Folgenden werden die wichtigsten Begrifflichkeiten im Rahmen der Bauphysik betreffend den winterlichen Wärmeschutz erläutert. Hierbei werden keine Berechnungen aus der Mathematik miteinfließen. Das Kapitel beschränkt sich demnach auf die Definitionen der Kennzahlen.

3.1 Wärmedurchgangskoeffizient

Der Wärmedurchgangskoeffizient wird auch als U-Wert bezeichnet und wird zur Vergleichbarkeit der wärmeschutztechnischen Qualität von Bauteilen genutzt. Dadurch können alle Außenbauteile, die warme von kalten Zonen trennen, energetisch bewertet werden.[5] Der U-Wert hängt maßgeblich von der Wärmeleitfähigkeit und der Stärke bzw. Dicke der Materialien ab. Aufgrund der unterschiedlichen Dicke von Baustoffen gibt der Wärmedurchgangskoeffizient diejenige Wärmemenge in Watt an, die durch eine 1 m² große Fläche eines Baustoffes mit einer bestimmten Dicke innerhalb einer Stunde hindurchgeht, wenn der Temperaturunterschied 1 Kelvin beträgt.[6]

Mit steigendem Wärmedurchgangskoeffizienten sinkt die Wärmedämmung des Bauteils, je kleiner also schließlich der U-Wert, desto bessere Dämmeigenschaften hat die Baukonstruktion.[7]

---

[2] Vgl. ebd. S. 217–218.
[3] Vgl. ebd. S. 214–216.
[4] Vgl. ebd. S. 218.
[5] Vgl. Duzia, T.; Bogusch, N. (2014): Basiswissen Bauphysik, 2., aktualisierte Aufl., Stuttgart, S. 41.
[6] Vgl. Bounin; Graf; Schulz (2010): Schallschutz, Wärmeschutz, Feuchteschutz, Brandschutz, S. 223.
[7] Vgl. Schild, K.; Willems, W. M. (2011): Wärmeschutz, Wiesbaden, S. 71.

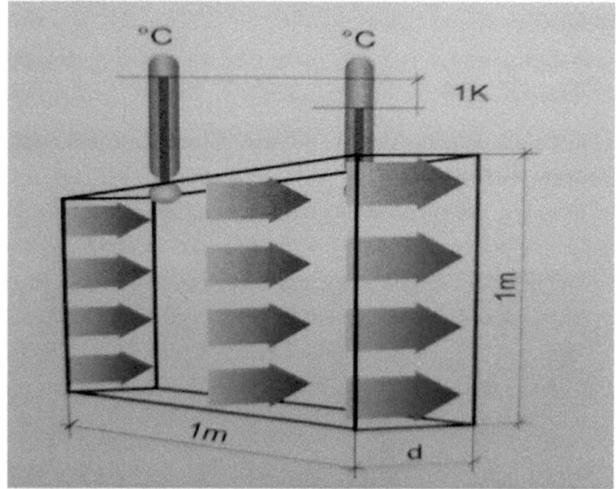

Abbildung 1: Wärmedurchgangskoeffizient[8]

3.2 Wärmeleitfähigkeit

Die Wärmeleitfähigkeit ist eine der wichtigsten im Wärmeschutz vorkommenden Stoffkenngrößen. Aus den Rohstoffen und der jeweiligen Verarbeitung ergeben sich die technischen Eigenschaften eines Dämmstoffes. Die wärmedämmende Wirkung wird dabei durch die Wärmeleitfähigkeit bestimmt. Aus den Strukturen und der Art des Baustoffes ergibt sich die Dichte, welche der erste Anhaltspunkt für die Beurteilung der Wärmeleitfähigkeit ist. Ein Material mit hoher Dichte hat eine höhere Leitfähigkeit als Materialien mit geringer Dichte. Weiterhin wird die Wärmeleitfähigkeit eines Baustoffes auch durch den Wassergehalt beeinflusst. Wasser weist eine wesentlich größere Wärmeleitfähigkeit auf als Luft.[9] Diese dient in den meisten Dämmstoffen als Hauptvolumenbestandteil, denn stehende Luft ist ein schlechter Wärmeleiter. Daher werden durch Lufteinschüsse in den Dämmstoffporen geringe Wärmeleitfähigkeiten erreicht. Es gilt auch hier: je geringer die Wärmeleitfähigkeit, desto besser dämmt das Material.

Polystrol ist ein Dämmmaterial, welches bekanntlich eine sehr geringe Wärmeleitfähigkeit vorweist. Dies erklärt sich durch den Aufschäumprozess. Nach diesem Prozess besteht das Polystrol zu 98 % aus Luft.[10]

Die Wärmeleitfähigkeit (λ) gibt diejenige Wärmemenge in Joule je Sekunde an, die durch eine 1 m² große Fläche eines Baustoffes von einem Meter Dicke hindurchgeht, sofern der Temperaturunterschied zwischen beiden Oberflächen 1 Kelvin beträgt.

Letztlich wird die Wärmeleitfähigkeit von der Rohdichte des zu bewertenden Stoffes, von der Porigkeit und der Porengröße sowie vom Feuchtigkeitsgehalt des Stoffes beeinflusst.[11]

---

[8] Volland, K.; Volland, J. (2014): Wärmeschutz und Energiebedarf nach EnEV 2014 - Kombi, 4., aktualisierte und erw. Aufl., Köln, S. 119.
[9] Vgl. ebd. S. 115.
[10] Vgl. Drewer, A. (2013): Wärmedämmstoffe. Köln, S. 120.
[11] Vgl. Bounin; Graf; Schulz (2010): Schallschutz, Wärmeschutz, Feuchteschutz, Brandschutz, S. 221–222.

Die zu verwendenden Dämmstoffe werden in Wärmeleitfähigkeitsklassen unterteilt. Üblich ist die Klasse 040, was eine Wärmeleitfähigkeit von 0,04 W/(m*K) bedeutet.[12] Die Nachfolgende Grafik veranschaulicht verschiedene Baustoffe und ihre Wärmeleitfähigkeiten.

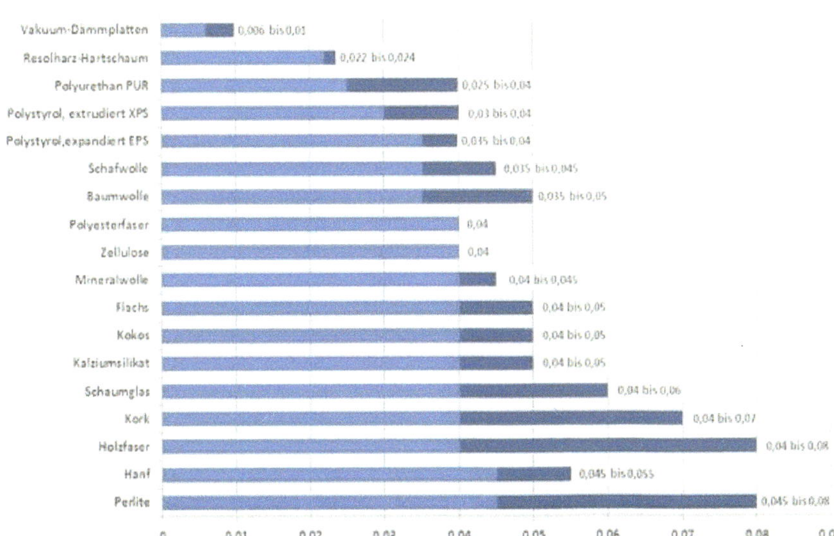

Abbildung 2: Wärmeleitfähigkeit verschiedener Dämmstoffe[13]

3.3 Wärmebrücken

Als Wärmebrücken werden einzelne, örtlich begrenzte Stellen eines dämmenden Bauteils bezeichnet, an denen ein erhöhter Wärmedurchgang erfolgt. Sie haben Einfluss auf den Transmissionswärmeverlust und auf den Feuchteschutz des Gebäudes, da die Temperaturabsenkung auf der Bauteiloberfläche zu Tauwasser, und Schimmelbildung führen kann. In der Bauphysik werden drei Arten von Wärmebrücken unterschieden.

Sobald Materialien mit verschiedenen Wärmeleitfähigkeiten nebeneinander verwendet werden, geht dies mit materialbedingten Wärmebrücken einher. Dies geschieht häufig im Falle der Durchdringung der Wärmedämmschicht zum Beispiel durch Befestigungsmittel. Charakteristisch ist das raumseitige Abfallen der Oberflächentemperatur im Bereich der Bauteile mit höherer Wärmeleitfähigkeit. Bei den heute vorzufindenden Dämmstandards sind diese Form der Wärmebrücken selten zu finden und treten häufiger bei Bestandsbauten auf.[14]

---

[12] Vgl. Die EinsparBerater OHG: Bauphysikalische Grundlagen von Dämmstoffen - DieEinsparInfos.de, Hannover, Stand: o. A., http://www.dieeinsparinfos.de/modernisierungsratgeber/daemmung/infos-zur-waermedaemmung/daemmung-physikalische-grundlagen/, Letzter Zugriff 10.04.2019, S. 1.
[13] ebd. S. 1.
[14] Vgl. Duzia; Bogusch (2014): Basiswissen Bauphysik, S. 65–66.

Bei Bauteilsübergängen wie zum Beispiel bei der Einbindung eines Deckenauflagers in ein Mauerwerk wird der Wärmeschutz durch konstruktive Zwänge geschwächt und es liegt eine konstruktive Wärmebrücke vor.[15] Typischerweise entstehen diese Art der Wärmebrücken zum Beispiel an Rollladenkästen, Heizungsnischen und Fensterleibungen.[16]

Eine weitere Variante sind die geometrischen Wärmebrücken. Diese treten in den meisten Fällen in Kombination mit den bereits genannten konstruktiven Wärmebrücken auf. Sie stellen eine Abweichung des ungestörten Zustandes einer Konstruktion dar. Sobald das Verhältnis der Flächen von einer Wärme zuführenden Innenseite und der wärmeabführenden Außenseite unausgewogen ist, wird die innenseitige Abkühlung gefördert, wodurch sich niedrige Oberflächentemperaturen innenseitig einstellen. Geometrische Wärmebrücken treten häufig an Ecken von Wänden zu Böden oder Decken auf.[17]

Bei materialbedingten und konstruktiven Wärmebrücken ist die Oberflächentemperatur an der Außenseite erhöht. Diese Stellen können mithilfe einer Infrarotkamera sichtbar gemacht werden. Dieses Verfahren veranschaulicht die Abbildung 3.

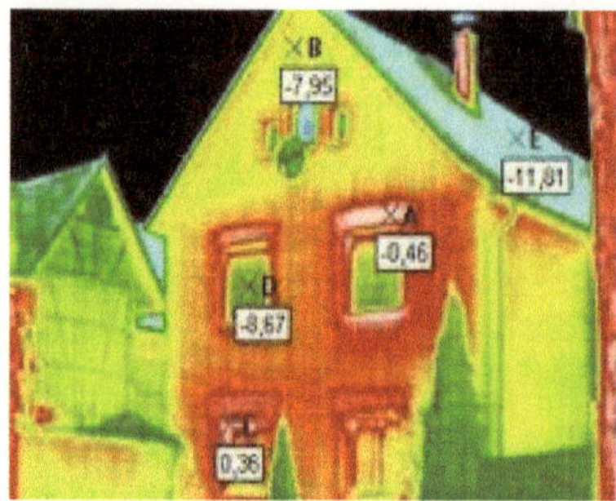

Abbildung 3: Thermographie einer Gebäudefassade[18]

3.4 Taupunkt

Die Luft enthält gasförmigen Wasserdampf. Der Gehalt an Wasserdampf ist von der Lufttemperatur abhängig. Dieser daraus entstehende Prozentwert wird relative Luftfeuchtigkeit genannt. Warme Luft kann deutlich mehr Feuchtigkeit speichern als kalte Luft, daher nimmt die relative Luftfeuchtigkeit mit steigender Temperatur ab und mit sinkender zu. Kühlt sich die warme Luft ab, ist sie folglich nicht mehr in der Lage den zusätzlichen Wasserdampf aufzunehmen und es entsteht eine relative Luftfeuchtigkeit von 100%. In der Regel beträgt sie etwa 50% - 60%. Bei weiterer Abkühlung entsteht Nebel, welcher sich in Form von Tauwasser auf kalten Gegenständen oder Bauteiloberflächen abscheidet. Die Temperatur, bei

---

[15] Vgl. Bounin; Graf; Schulz (2010): Schallschutz, Wärmeschutz, Feuchteschutz, Brandschutz, S. 249–250.
[16] Vgl. Duzia; Bogusch (2014): Basiswissen Bauphysik, S. 67–68.
[17] Vgl. ebd. S. 68–69.
[18] Bounin; Graf; Schulz (2010): Schallschutz, Wärmeschutz, Feuchteschutz, Brandschutz, S. 251.

der sich in Bezug auf das Raumklima die Sättigungsmenge einstellt, wird als Taupunkttemperatur bezeichnet. Sobald also die Oberflächentemperatur dieser Bauteile den Taupunkt der Raumluft unterschreitet, bildet sich Tauwasser.[19]

Ursachen für diese Kondensatbildung können neben der zu hohen relativen Luftfeuchtigkeit auch eine unzureichende Wärmedämmung von Außenbauteilen, z.B. an den in Kapitel 3.3 beschriebenen Wärmebrücken sein, aber auch ein zu schnelles Aufheizen von ausgekühlten Räumen kann zur Tauwasserbildung führen.[20]

Regelmäßiges Lüften von Räumen, in denen eine überdurchschnittlich hohe Luftfeuchtigkeit herrscht, wie zum Beispiel in Badezimmern, wirkt dem Prozess der Tauwasserbildung entgegen, indem die mit Wasserdampf gesättigte Raumluft ausgetauscht wird. [21]

4. Anforderungen an den winterlichen Wärmeschutz

Im Folgenden wird der Mindestwärmeschutz nach der DIN 4108 erläutert. Diese wurde 2013 überarbeitet. Das Kapitel behandelt lediglich die überarbeitete Version. Hierbei wird insbesondere auf die Anforderungen in Bezug auf Wärmebrücken eingegangen. In einem weiteren Kapitel wird die Energieeinsparverordnung (EnEV) erläutert. Diese wurde 2002 erstmalig eingeführt und löste somit die Wärmeschutzverordnung und das Energieeinsparungsgesetz ab. Seither wurde die EnEV mehrfach überarbeitet. Hierzu sind weiterhin auch das Erneuerbare-Energien-Wärmegesetz (EEWärmeG) und das Energieeinsparungsgesetz (EnEG) zu beachten. Diese Gesetze werden im Folgenden jedoch nicht weitgehender erläutert.

4.1 Mindestwärmeschutz

Gebäude sind so zu planen und zu bauen, dass ein ausreichender Mindestwärmeschutz der flächigen Bauteile und Wärmebrücken gegeben ist. Dieser muss nach den anerkannten Anforderungen der Technik, welche in der bauaufsichtlich eingeführten DIN 4108 geregelt sind, eingehalten werden. Ziel ist es, durch ein hygienisches Raumklima die Gesundheit der Bewohner zu schützen und die Baukonstruktionen vor Feuchte- und Schimmelschäden zu bewahren. Eine ausreichende Beheizung und Belüftung der Räume durch die Einwohner ist hierbei unumgänglich. Außerdem müssen Wärmeverluste generell aber vor allem über Wärmebrücken so gering wie möglich gehalten werden. Nach der DIN 4108 sind daher auch Mindestwerte der Wärmedurchgangswiderstände einzuhalten.[22] Die Mindestwerte sind der Abbildung 4 zu entnehmen.

---

[19] Vgl. ebd. S. 329.
[20] Vgl. ebd. S. 334–335.
[21] Vgl. Gärtner, G.; Lotz, A. (2010): Wärmeschutz in der Praxis. Stuttgart, 25ff.
[22] Vgl. Bounin; Graf; Schulz (2010): Schallschutz, Wärmeschutz, Feuchteschutz, Brandschutz, S. 238–239.

	1	2	3
	Bauteile	**Beschreibung**	**Wärmedurchlasswider-stand des Bauteils** [b] **R in m² · K/W**
1	Wände beheizter Räume	gegen Außenluft, Erdreich, Tiefgaragen, nicht beheizte Räume (auch nicht beheizte Dachräume oder nicht beheizte Keller-räume außerhalb der wärmeübertragenden Umfassungsfläche)	1,2 [c]
2	Dachschrägen beheizter Räume	gegen Außenluft	1,2
3	Decken beheizter Räume nach oben und Flachdächer		
3.1		gegen Außenluft	1,2
3.2		zu belüfteten Räumen zwischen Dachschrä-gen und Abseitenwänden bei ausgebauten Dachräumen	0,90
3.3		zu nicht beheizten Räumen, zu bekriech-baren oder noch niedrigeren Räumen	0,90
3.4		zu Räumen zwischen gedämmten Dach-schrägen und Abseitenwänden bei ausge-bauten Dachräumen	0,35
4	Decken beheizter Räume nach unten		
4.1 [a]		gegen Außenluft, gegen Tiefgarage, gegen Garagen (auch beheizte), Durchfahrten (auch verschließbare) und belüftete Kriech-keller	1,75
4.2		gegen nicht beheizten Kellerraum	0,90
4.3		unterer Abschluss (z. B. Sohlplatte) von Auf-enthaltsräumen unmittelbar an das Erdreich grenzend bis zu einer Raumtiefe von 5 m	
4.4		über einem nicht belüfteten Hohlraum, z. B. Kriechkeller, an das Erdreich grenzend	

Abbildung 4: Mindestwerte der Wärmedurchgangswiderstände[23]

Grundsätzlich gelten alle Anforderungen an die Wärmedämmung gemäß der DIN 4108 für alle Räume, die auf minimal übliche Innentemperaturen beheizt werden, was einer Temperatur von mehr als 19 Grad Celsius entspricht. Weiterhin gelten sie für alle Räume, die wiederum mit den letztgenannten über offenen Raumverbund verbunden sind. Für sämtliche andere Räume, die diesen Bedingungen nicht unterliegen gelten die Anforderungen unter anderem aus Kostengründen nicht, jedoch sollte die Norm sinngemäß beachtet werden.

Der winterliche Mindestwärmeschutz ist gemäß der Norm so ausgelegt, dass die wärmeübertragenden Innenoberflächen sowie Ecken und Kanten tauwasser- und schimmelpilzfrei sein müssen. Hierbei kommt den Wärmebrückenanforderungen eine tiefergehende Bedeutung zu, um das Schimmelpilzrisiko durch konstruktive Maßnahmen zu verringern.[24]

In den Wintermonaten kommt es besonders an Wärmebrücken zu einem erhöhten Wärmeverlust. Durch zusätzlich deutlich geringere Innenoberflächentemperaturen, sind Kondensatanfall und Schimmelbildung folglich unvermeidbar. Eine 100%-ige Verhinderung der Entstehung von Schimmelpilzen und Tauwasser ist also auch bei Einhaltung der Norm keine

---

[23] o. V.: Bauphysik - Die Bitumenbahn, o. O., Stand: o. A., https://www.derdichtebau.de/bauphysik.1594.htm, Letzter Zugriff 17.04.2019, S. 5.
[24] Vgl. Dr. Martin H. Spitzner: Neue DIN 4108-2 "Mindestanforderungen an den Wärmeschutz", Rosenheim, Stand: o. A., 3 ff…

Garantie. Daher gilt es Wärmebrücken generell aus energetischen-, hygienischen- und Bauqualitätsgesichtspunkten auf ein Minimum zu reduzieren. Hierzu muss die dämmende Schicht so vollständig und lückenlos wie möglich und ohne Dickenverminderung um das beheizte Gebäude gelegt werden. Die Schichten benachbarter Bauteile sollten möglichst ineinander übergehen. Je besser die flächigen Bauteile wärmegedämmt sind, umso geringer ist das Schimmelrisiko an Wärmebrücken.[25]

Um die Bildung von Schimmelpilzen und der Kondensatbildung zu vermeiden, müssen gemäß der DIN 4108 alle Anschlüsse von benachbarten Bauteilen an der ungünstigsten Kante der Innenoberfläche eine gewisse Temperaturdifferenz einhalten. Dies gilt mittlerweile auch für dreidimensionale Ecken, jedoch sind diese nachweisfrei gestellt. Das heißt, dass sie grundsätzlich als unbedenklich betrachtet werden können, sofern sie aus Kanten gebildet sind, welche ohnehin die Anforderungen erfüllen, da sie sonst unzulässig wären. Voraussetzung ist außerdem, dass die dämmende Schicht ohne Unterbrechung verläuft. Ecken müssen demnach erst rechnerisch nachweislich geprüft werden, wenn beispielsweise eine Stütze die Dämmebene im Bereich der Ecke durchdringt.[26] Ein Beispiel hierfür zeigt die folgende Abbildung.

Abbildung 5: Beispiel für die Unterbrechung einer Wärmedämmung im Eckenbereich [27]

4.2 EnEV 2014

Mit der Einführung der Energieeinsparverordnung (EnEV) wurden Mindeststandards zu den Qualitäten des energiesparenden Wärmeschutzes für Bauteile und technische Anlagen vorgegeben. Unterschieden wird insgesamt zwischen Wohngebäuden und Nichtwohngebäuden sowie Neubauten und Bestandsbauten. Weiterhin müssen die Gebäude in Bezug auf Wärme und Kälte differenziert betrachtet werden. Die vorgegebenen Mindestwerte zum Beispiel in Bezug auf den Transmissionswärmeverlust und den bereits in Kapitel 3.1 beschriebenen Wärmedurchgangskoeffizienten weichen entsprechend der Hauptnutzung erheblich voneinander ab.

Erstmalig ist die EnEV 2002 in Kraft getreten und wurde seither mehrfach überarbeitet. Aktuell gelten die Anforderungen der EnEV 2014. Diese Auflage musste unter anderem aufgrund der EU-Energieeffizienzrichtlinie novelliert werden. Die aktuell geltende EnEV betrifft Neubauten, die nach Inkrafttreten der letzten Novelle erbaut wurden. Anforderungen an Bestandsbauten werden in der EnEV separat betrachtet, sind aber dennoch vorhanden und ebenso verpflichtend.[28] So dürfen z. B. keine Heizkessel mit einem Baujahr vor 1978

---

[25] Vgl. ebd. 3 ff...
[26] Vgl. ebd. S. 12–15.
[27] ebd. S. 15.
[28] Vgl. Volland; Volland (2014): Wärmeschutz und Energiebedarf nach EnEV 2014 - Kombi, 11 ff...

betrieben werden, sofern flüssige oder gasförmige Brennstoffe verwendet werden. Weiterhin dürfen solche Kessel, die nach 1985 verbaut wurden und ein Mindestalter von 30 Jahren erreicht haben, nicht mehr betrieben werden.[29]

Noch heute erfüllen viele Gebäude beispielsweise aus den 90er-Jahren, also vor erstmaligem Inkrafttreten der EnEV, bei Weitem nicht die Wärmeschutzanforderungen für Neubauten. Daher gelten auch ergänzende Regelungen bei Teilsanierungen, sodass die EnEV auch hier beachtet werden muss. Es kommt die sogenannte 10%-Regelung zum Einsatz, die besagt, dass Teilflächen nur dann einfach repariert werden dürfen, wenn sie kleiner als 10% der Gesamtfläche sind. Sobald die Grenze überschritten wird, muss eine energetische Sanierung der gesamten Fläche unter Beachtung der Vorgaben der EnEV erfolgen. Ausnahmen sind beispielsweise Fassaden, welche lediglich mit einem neuen Anstrich versehen werden.[30]

Das Ziel der EnEV ist in erster Linie die Reduzierung des Energieverbrauches bei Neubauten, da sie vor Allem für diese verbindliche Standards aufführt. Hierbei kommt der Reduktion des Primärenergiebedarfs in Gebäuden eine wesentliche Bedeutung zu. So werden die Bewohner zum Beispiel vor erheblichen Preisanstiegen am Energiemarkt geschützt. Weiterhin verfolgt die EnEV so auch das wichtige Ziel des Umweltschutzes, da auf die Haushalte in Deutschland ein Großteil des gesamten Energiebedarfs entfällt, und durch entsprechende Energieeinsparungen freigesetzte CO^2 Emissionen und der Ausstoß von Schadstoffen begrenzt werden können.[31]

5. Konstruktive Umsetzung ausgewählter Gebäudeteile

Die Dämmung von wärmeübertragenden Hüllflächen, ob Dach, Wand oder Boden verbessern den gesamten U-Wert der Konstruktionen. Daher kommt der Dämmung eine wesentliche Bedeutung zu. Durch eine moderne Dämmung kommt ein besseres Wohnklima zu Stande, Heizkosten können erheblich eingespart werden, der Lärmpegel wird reduziert und auch für den Klimaschutz werden positive Effekte erzielt. Im Folgenden werden daher Dämmungen an ausgewählten Gebäudeteilen erläutert sowie die jeweiligen Vor- und Nachteile ausgearbeitet. Da Fenstern und Rahmen eine erhebliche energetische Bedeutung zukommt, werden diese im letzten Abschnitt in Bezug auf deren Wärmeverluste behandelt.

5.1 Außenwände

Außenwände sind aufgrund ihrer großen Fläche ein wesentlicher Faktor im Energiehaushalt eines Hauses, da es durch sie zu erheblichen Wärmeverlusten kommen kann. Die anzubringende Wärmedämmung kann unterschiedlich angeordnet sein, auf der Außenseite, Innenseite oder auch als Kerndämmung zwischen zwei Mauerschalen.[32]

Die Außendämmung ist die üblichste Form der Fassadendämmung. Am häufigsten wird sie durch ein Wärmdämmverbundsystem (WDVS) ausgeführt. Es besteht aus der Vorbehandlung des Untergrunds, den Dämmplatten einschließlich dessen Befestigung mit Klebstoff

---

[29] Vgl. ebd. S. 21.
[30] Vgl. Duzia; Bogusch (2014): Basiswissen Bauphysik, 53 ff…
[31] Vgl. Volland; Volland (2014): Wärmeschutz und Energiebedarf nach EnEV 2014 - Kombi, 14 ff…
[32] Vgl. Drewer (2013): Wärmedämmstoffe, S. 88–89.

oder Dübeln und der abschließenden Aufbringung eines Dünn- oder Dickschichtputzsystems mit integrierter Bewehrung. Am verbreitetsten sind WDVS mit Polystrolplatten oder Systemen auf Mineralwollebasis. Zu beachten ist bei dieser Art der Außendämmung, dass z. B. Fensterlaibungen mit einbezogen werden, anderenfalls kommt es zu hohen Wärmeverlusten und Schäden an Wärmebrücken.[33] Die Außendämmung bringt insgesamt erhebliche Vorteile mit sich. Wärmebrücken bilden sich durch eine durchgehende Dämmschicht kaum, die Wärmedehnung der tragenden Bauteile ist wegen der geringen Temperaturschwankungen in der Wand sehr klein, die Wand bleibt frei von Frost, Leitungen erleiden keine Frostschäden und die Gefahr der Tauwasserbildung im Inneren ist gering, da die Temperatur erst weiter Außen am Bauteil absinkt. Allerdings dauert die Aufheizung der Raumluft insgesamt auch länger, was hinsichtlich des winterlichen Wärmeschutzes einen erheblichen Nachteil darstellt.[34]

Eine Innendämmung der Wände wird angewandt, wenn eine Außendämmung beispielsweise aus Denkmalschutzgründen nicht möglich ist. Sie ist aber insgesamt auch nur vorgesehen, wo eine Außendämmung nicht möglich ist oder Räume schnell aufzuheizen sind, um kurzzeitig genutzt zu werden, wie beispielsweise in Kirchen. Hierbei muss in erster Linie der Feuchtehaushalt der Wände mit einem geeigneten Dämmstoff unter Kontrolle gebracht werden. Besonders geeignet sind kapillaraktive diffusionsoffene Dämmstoffe, da sie Feuchtigkeit aufnehmen, sie verteilen und wieder nach innen abgeben. Nicht kapillaraktive diffusionsoffene Dämmstoffe müssen mit einer innenseitigen Dampfbremse verlegt und zwingend lückenlos verlegt werden.

Eine Innendämmung kann auf verschiedenste Weise ausgeführt werden, zum Beispiel durch das Anbringen von Dämmplatten auf einer ebenen Wand, durch ein Ständerwerk mit Matten- oder Einblasdämmstoffen oder auch durch die Verwendung von Lehmdämmstoffen.[35] Im Gegenzug zur Außendämmung wird die Raumluft bei einer Innendämmung sofort nach Heizbeginn warm, da die wärmespeicherfähige Masse der Wände nicht mit aufgeheizt werden muss. Außerdem bleibt die Fassade im Original erhalten. Trotzdem hat diese Form der Dämmung einige nicht außer Acht zu lassende Nachteile. Es können unter anderem leichter Rissbildungen entstehen, da die Konstruktion über die Jahreszeiten erheblichen Temperaturschwankungen ausgesetzt ist und die Wärmeausdehnung durch Dehnungsfugen ermöglicht werden muss. Die Wohnfläche wird insgesamt um die Dämmstoffdicke begrenzt und auch Wärmebrücken können nur schwer abgeschirmt werden. Feuchteschäden durch Tauwasserbildung sind ebenfalls nicht selten, wenn bei der Anbringung der Dämmschicht und ihrer Dampfsperre nicht größte Sorgfalt geboten war.[36]

Eine Kerndämmung meint eine Dämmschicht zwischen der tragenden inneren Wand und einer Vormauerung in Hohlschichten. Oftmals wird eine zusätzliche Innendämmung und/ oder Außendämmung angebracht. Die Hohlschichten können durch Verfüllung mit geeignetem Dämmstoff gedämmt werden. Hierbei dürfen nur Wasser abweisende Dämmmaterialien verwendet werden, um ein Durchfeuchten des Materials zu verhindern. Zur Auswahl

---

[33] Vgl. ebd. S. 92–94.
[34] Vgl. Bounin; Graf; Schulz (2010): Schallschutz, Wärmeschutz, Feuchteschutz, Brandschutz, S. 301–302.
[35] Vgl. Drewer (2013): Wärmedämmstoffe, S. 96–98.
[36] Vgl. Bounin; Graf; Schulz (2010): Schallschutz, Wärmeschutz, Feuchteschutz, Brandschutz, S. 302.

des Materials sind die Struktur und der Dämmwert ausschlaggebend.[37] Diese Form der Dämmung wird häufig bei Fassaden aus Sichtbeton angewendet. Die Dämmstoffe können bei zweischaligen Außenwandkonstruktionen eingeblasen werden und so auch nachträglich eine Verbesserung des Dämmstandards mit sich bringen. Problematisch sind hier statische Gesichtspunkte, da der Zwischenraum für die Dämmung nicht größer als 15 cm sein darf. Außerdem muss sichergestellt sein, dass die Vormauerschale ausreichend regendicht ist, damit das Dämmmaterial nicht durchfeuchten kann.[38]

5.2 Dächer

Dächer sind unterschiedlichsten Witterungseinflüssen von außen ausgesetzt. Durch die große Angriffsfläche sind sie aus energetischen Gesichtspunkten besonders bedeutsam. Wärmeschützend sind sie jedoch erst durch Anbringung einer Dämmschicht.[39] Eine Dämmung ist jedoch nicht zwingend erforderlich. Ist der Dachboden beispielsweise unbeheizt, reicht eine Dämmung der obersten Geschossdecke aus und das Dach selbst muss nicht gedämmt werden. Bei Flach- und Pultdächern ist die oberste Etage in der Regel bewohnt und eine Dämmung ist entsprechend unumgänglich. Je nach Dachkonstruktion werden verschiedene Dämmverfahren angewandt, außerdem werden Neubauten anders behandelt als Bestandsbauten.[40]

Das Satteldach ist die am häufigsten vorzufindende Dachform, auch wenn gerade heutzutage Flachdächer bei Neubauten immer beliebter werden. Bei Satteldächern werden in der Regel drei Dämmverfahren angewendet, die Aufsparrendämmung, die Zwischensparrendämmung und die Untersparrendämmung. Bei Neubauten wird häufig die sogenannte Aufsparrendämmung vorgenommen. Hierbei ist die Dämmung zwischen den Sparren und der Dacheindeckung vorgesehen. Die Zwischensparrendämmung wird zwischen den Sparren angebracht, sodass eine ebene Fläche entsteht. Die Untersparrendämmung ist ein Verfahren, welches häufig bei der nachträglichen Dämmung von Bestandsobjekten angewendet wird. Die Dämmschicht wird von innen angebracht. Auch hier entsteht wie bei der Innendämmung der Außenwand ein Innenraumverlust entsprechend der Dicke der Dämmschicht.[41] Als Dämmmaterialien können zum Beispiel Polystrolplatten, Steinwolle, Glaswolle oder Kork verwendet werden.[42]

Bei Flachdächern ergeben sich je nach Bauart ebenfalls unterschiedliche Methoden der Dämmung. Es werden drei Varianten unterschieden, die Kaltdachdämmung, Warmdachdämmung und die Umkehrdachdämmung. Die Kaltdachdämmung ist besonders geeignet bei Flachdächern mit einer geringen Neigung, bei denen ausreichend Platz zwischen Raumdecke und Dachabdichtung bleibt. In diesem Freiraum wird die Dämmung lückenlos eingeblasen. Über der Dämmung muss ein Luftspalt als Hinterlüftungsebene von 10-15 cm gegeben sein, um Feuchtigkeit abzutransportieren.

---

[37] Vgl. Drewer (2013): Wärmedämmstoffe, S. 89–91.
[38] Vgl. Bounin; Graf; Schulz (2010): Schallschutz, Wärmeschutz, Feuchteschutz, Brandschutz, S. 302–303.
[39] Vgl. Königstein, T. (2014): Ratgeber energiesparendes Bauen und Sanieren, 6., aktualisierte und erw. Aufl., Taunusstein, 54 ff…
[40] Vgl. Drewer (2013): Wärmedämmstoffe, S. 67.
[41] Vgl. Königstein (2014): Ratgeber energiesparendes Bauen und Sanieren, 54 ff…
[42] Vgl. ebd. S. 58.

Die Kaltdachdämmung wird bei Flachdächern mit einer Holzkonstruktion angewendet. Bei Betondecken ist eine Warmdach- oder Umkehrdachdämmung von Vorteil. Bei der Warmdachdämmung ist das Dach fast waagerecht ausgerichtet und es verbleibt keine Luftschicht zwischen Raumseite und Außenseite. Der Dämmstoff wird zwischen den Schichten luftdicht eingeschlossen. Oberste Voraussetzung ist hier die Dichtheit des Daches, da Feuchtigkeit bei dieser Konstruktion nur schwer abtransportiert werden kann. Die Dämmschicht muss von der Innenseite mit einer Dampfsperre vor diffundierender Feuchte geschützt werden.

Die Umkehrdachdämmung ist eine Sonderform bei Flachdächern und die am einfachsten umzusetzende Art der Dämmung. Die Wärmedämmung liegt auf der Dachabdichtung und besteht aus Dämmstoffen wie zum Beispiel extrudiertem, geschlossenzelligem Polystrol-Hartschaum oder Schaumglas. Diese Stoffe nehmen keine Feuchtigkeit auf und verlieren daher auch bei Wassereinwirkungen nicht ihre Dämmfähigkeit. Die Dachdichtungsebene wird vor Witterungseinflüssen mit hohen Temperaturschwankungen geschützt.[43]

5.3 Decken- und Bodenplatte

Je nach Art und Beschaffenheit der Böden und Decken muss zwischen unterschiedlichen Dämmverfahren unterschieden werden. Wohnungstrennwände werden beispielsweise in der Regel nicht gedämmt, da zwischen den übereinander liegenden Räumen keine großen Temperaturunterschiede liegen. Bei Decken unter nicht ausgebauten Dachräumen wiederum kann eine Wärmedämmschicht unter den zu begehenden Holzfußboden gelegt werden.[44] Bei der Dämmung der obersten Geschossdecke werden zwei Dämmvarianten je nach Konstruktion unterschieden. Vorab sollte aber geprüft werden, ob ggf. schon eine Dämmstofflage vorhanden ist, welche lediglich nicht ausreichend ist und somit ergänzt werden kann. Weiterhin muss festgestellt werden, ob eine Begehbarkeit erforderlich ist, die durch eine Konstruktion mit Dämmhülsen und Holzwerkstoffplatten hergestellt werden kann. Die Kosten sind jedoch wesentlich höher. Grundsätzlich sollte bei der Dämmung der obersten Geschossdecke auf preiswerte Dämmstoffe mit Passivhausstandard zurückgegriffen werden. So wird das beste Kosten-Nutzen-Verhältnis erreicht. Seit dem 01.01.2012 ist diese Dämmung für fast alle Eigentümer von Immobilien verpflichtend, sodass der U-Wert der Geschossdecke 0,24 Watt/(m²·K) nicht überschritten wird.

Eine mögliche Dämmsituation ist die Kehlbalkenlage mit oder ohne Einschub, wobei oftmals ein Einschub vorhanden ist. Dieser besteht aus Schwartenbrettern, auf denen Asche, Schlacke oder Lehm liegt. Sofern ein Hohlraum unter dem Einschub vorhanden ist, kann dieser mit Einblasdämmstoffen gefüllt werden. Durch die geringen Hohlräume der Querschnitte können keine faserförmigen Dämmstoffe zum Einsatz kommen. In der Regel greift man hier zu expandiertem Polystrol (EPS) Granulat. Sollte kein Einschub vorhanden sein, können die Hohlräume in den meisten Fällen direkt mit Einblasdämmstoffen gefüllt werden.

Eine andere Dämmsituation liegt bei einer massiven Betondecke vor. Es kann eine begehbare oder nicht begehbare Ausführung gewählt werden. Die nicht begehbare Variante ist deutlich kostengünstiger. Bei dieser Variante ist das offene Aufblasen, die Verwendung

---

[43] Vgl. Bounin; Graf; Schulz (2010): Schallschutz, Wärmeschutz, Feuchteschutz, Brandschutz, S. 306–308.
[44] Vgl. ebd. S. 305.

von Schüttdämmstoffen oder das Verlegen von Matten- oder Plattendämmstoffen möglich. Bei der begehbaren Form wird die Decke vollständig mit gedämmten Abstandhaltern wie Dämmhülsen und darauf ausliegenden Holzwerkstoffplatten ausgelegt. Der entstehende Hohlraum wird mit Einblasdämmstoffen ausgefüllt.[45]

Auch Kellerdecken mit einer Holzbalkendecke mit Hohlraum werden wie die Konstruktion der Kehlbalkenlage behandelt. Eine massive Kellerdecke wiederum kann zum Beispiel unterseitig gedämmt werden. Dieses Verfahren ist sehr aufwendig und daher entsprechend kostenintensiv, da die unter der Kellerdecke mit Dübeln befestigten Platten an alle Unebenheiten wie Rohre und Kabel angepasst werden müssen. Allerdings wird der warme Wohnbereich vom Keller thermisch getrennt und die Decke speichert am Tag Wärme, die sie in der Nacht wieder abgibt. Eine Alternative zur Plattendämmung bietet das Aufsprühen von PUR-Ortschaum, was deutlich einfacher auszuführen, fugenfrei und kostengünstiger ist. Eine oberseitige Dämmung wird häufig bei Sanierungen des Erdgeschosses angewendet, wenn der Fußboden vollständig entfernt wird. Hierbei können druckbelastbare Estrichdämmplatten zum Einsatz kommen oder es wird eine Ausgleichsschüttung bei abschüssigem, stark unebenem Untergrund mit druckbelastbaren Schüttdämmstoffen vorgenommen.[46]

Bei Aufenthaltsräumen, die nicht unterkellert sind, ist der Fußboden sowohl gegen Wärmeabwanderung in das Erdreich als auch gegen aufsteigende Feuchte zu schützen. Fußböden in Gebäuden ohne Unterkellerung sind sehr kalt, was durch Ausblasen der Holzbalkenlage verhindert werden kann. Voraussetzung ist, dass der Hohlraum und das Erdreich trocken sind. Daher werden auch wasserabweisende Einblasdämmstoffe wie das EPS-Granulat, Glas- oder Steinwolle verwendet. Dennoch können auch Kellerböden gedämmt werden. Um die Stehhöhe jedoch nicht zu sehr einzugrenzen, sollte hierbei mit Hochleistungsdämmstoffen mit geringer Dicke gearbeitet werden. Die beste Lösung stellt die Vakuumdämmung mit Platten einer durchschnittlichen Dicke von 20 Millimetern dar.[47]

5.4 Fenster- und Rahmen

Fenstern kommt eine große Bedeutung in Bezug auf Wärmeverluste zu. Durch die Glasscheibe, das Rahmenmaterial, die Fugen und durch Fensteranschlüsse zum Bauwerk kann Wärme abfließen. Der in Kapitel 3.1 beschriebene Wärmedurchgangskoeffizient (U-Wert) ist abhängig von der Verglasung, also der Art des Glases, der Gasart in den Scheibenzwischenräumen, der Anzahl der Scheiben und von dessen Abstand. Als Gas wird häufig Argon verwendet. Die Beschichtungen auf dem Glas haben ebenfalls großen Einfluss, da sie das Emissionsvermögen verringern, also die Wärmeübertragung durch Strahlung reduzieren.

Um Wärmeverluste im Winter infolge von Wärmestrahlung zu verhindern, ist der Einsatz von Wärmeschutzgläsern möglich. Diese Fenster werden neben der Gasfüllung an der Innenseite zusätzlich mit einer Wärmeschutzschicht aus Edelmetall versehen. So wird die Wärmestrahlung reflektiert. Treffen die Sonnenstrahlen von außen auf die Innenraumteile, ab-

---

[45] Vgl. Drewer (2013): Wärmedämmstoffe, 80 ff...
[46] Vgl. ebd. 107 ff...
[47] Vgl. ebd. 112 ff...

sorbieren diese die Strahlungsenergie und wandeln sie in Wärmeenergie um, sodass die Innenraumteile die Wärme an den Raum abgeben und eine Art Treibhauseffekt entsteht. Diesen Vorgang veranschaulicht die Abbildung 6.

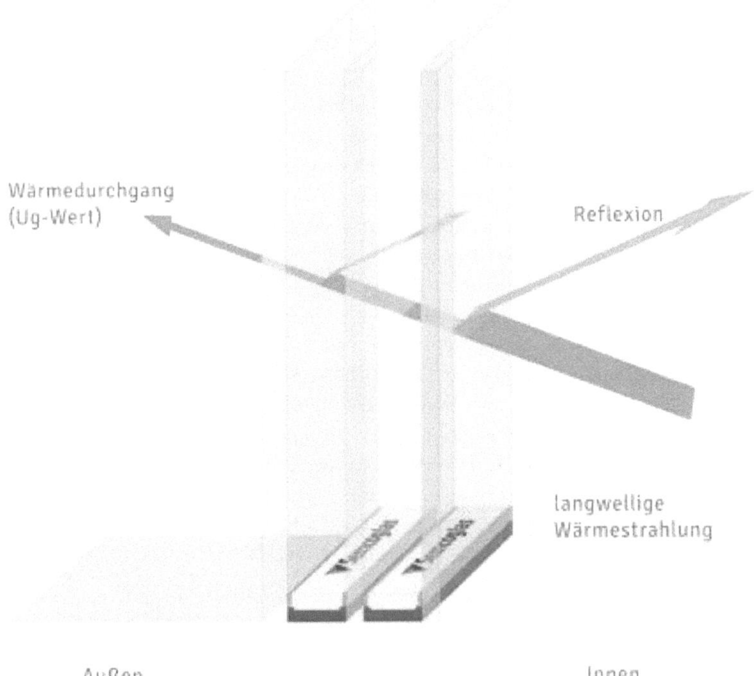

Abbildung 6: Reflektion der Wärmestrahlung

Gegen eine Überhitzung können wiederum Sonnenschutzgläser eingesetzt werden, um eine erhöhte Transmission von Wärmestrahlen zu verhindern. Diese Gläser werden an der Innenseite der äußeren Glasscheibe beschichtet, wodurch die einfallende Strahlung wieder nach außen reflektiert wird. Wärmeschutzgläser sind demnach besonders im Winter von Vorteil, während Sonnenschutzgläser im Sommer vor zu viel Wärmeeinstrahlung schützen. Beide Varianten bieten jedoch lediglich Vorteile in den für sie vorgesehenen Jahreszeiten.[48]

Die Wärmedurchgangskoeffizienten des Fensterrahmens sind abhängig von dessen Material und der Dämmkonstruktion. Ihnen kommt jedoch eine große Bedeutung zu, da sie 30 - 50 % der Fenstergröße ausmachen. Die besten Dämmeigenschaften weisen Kunststoff- und Holzfensterrahmen nach, Aluminiumrahmen haben vergleichsweise schlechtere U-Werte und sind daher weniger geeignet.[49]

---

[48] Vgl. Bounin; Graf; Schulz (2010): Schallschutz, Wärmeschutz, Feuchteschutz, Brandschutz, 309 ff…o. V.: Energiesparen | Fenster und Türen Welt, o. O., Stand: o. A., https://www.fenster-und-tueren-welt.de/service/serviceenergiesparen/, Letzter Zugriff 04.05.2019, S. 1.
[49] Vgl. Königstein (2014): Ratgeber energiesparendes Bauen und Sanieren, S. 77.

6. Zusammenfassung / Fazit

Dem Wärmeschutz und der damit verbundenen Energieeinsparung kommt eine immer bedeutendere Rolle zu. Die Thematik wird in der Politik diskutiert und Immobilienunternehmen jeglicher Art setzen die immer wieder neu aktualisierten Anforderungen in Bezug auf den Mindestwärmeschutz und die Energieeinsparverordnung in ihren Beständen und bei der Planung von Neubauten um.

Zu Beginn dieser Hausarbeit wurden die Bedeutung und die Auswirkungen des Wärmeschutzes dargestellt. Ziel ist es, den Bewohnern ein hygienisch einwandfreies Umfeld zu ermöglichen, sie vor hohen Energiekosten und die Umwelt vor vermeidbaren Schadstoffen zu schützen. Die Baumethodik und auch der Umgang mit den Baustoffen erfordert jedoch ein fundiertes Wissen, über welches die meisten Endnutzer der Gebäude nicht hinreichend verfügen. Da das Nutzerverhalten eine sehr wichtige Rolle für die Zielerreichung spielt, ist es umso wichtiger, die Bewohner im Umgang mit ihrer Wohnung aufzuklären. Unzureichende Information der Mieter können weitreichende Folgen in der Bausubstanz nach sich ziehen. Ein besonderes Augenmerk muss auf dem Heiz- und Lüftverhalten liegen. Je aktueller der Gebäudestandard, umso dichter ist die Gebäudehülle. Sind die Bewohner beispielsweise durch fehlende Modernisierung noch einen älteren luftdurchlässigen und damit energetisch schwächeren Standard gewohnt, ist ihnen oftmals gar nicht bewusst, dass sie falsch und / oder zu wenig lüften und heizen, was die Tauwasser- und Schimmelbildung zur Folge haben kann, da die Luftfeuchtigkeit nicht ausreichend abtransportiert wird. Daher sind auch energetisch einwandfreie Neubauten nicht vor Feuchtigkeitsschäden geschützt, wenn die Bewohner ihr Verhalten nicht entsprechend diesem Standard anpassen.

Im dritten Kapitel der Hausarbeit wurden relevante bauphysikalische Begriffe beschrieben und mit Beispielen veranschaulicht. Insbesondere den dort beschriebenen Wärmebrücken kommt eine energetisch große Bedeutung zu, da sie erheblichen Einfluss auf den Transmissionswärmeverlust und den Feuchteschutz des Gebäudes haben. Auch in Bezug auf Wärmebrücken spielt das Nutzerverhalten eine Rolle, da viele Bewohner nichts mit dem Begriff anzufangen wissen. Hier besteht ebenfalls erheblicher Aufklärungsbedarf, da auch zum Beispiel Kipplüften Wärmebrücken erzeugt und zusätzlich energetisch kontraproduktiv ist.

Im vierten Kapitel wurde die DIN 4108 in Bezug auf den Mindestwärmeschutz erläutert und die Inhalte der Energieeinsparverordnung beschrieben. Hier wurde auf die Mindestwärmeschutzanforderungen eingegangen, wobei die jeweils wirtschaftlichsten Maßnahmen oft wesentlich bessere Werte als die zu erzielenden Mindestwerte erreichen. Steht zum Beispiel genügend Platz für nachträglich aufzubringende Dämmschichten zur Verfügung, wie vielfach bei der Dämmung der obersten Geschossdecken, sollte der bestmögliche Wärmeschutz aufgebracht werden. Dies kann erreicht werden, wenn kostengünstige Dämmstoffe mittlerer Dämmwirkung in großen Dicken eingesetzt werden. Insgesamt bringen die energetischen Anpassungen, die vom Mindestwärmeschutz und der EnEV gefordert werden viele Vorteile im Hinblick auf Mensch, Umwelt und den Energieverbrauch. Die Gebäude sind außerdem deutlich besser gegen bevorstehende Klimaveränderungen geschützt.

Die konstruktive Umsetzung an wärmeübertragenden Hüllflächen wurde in dieser Hausarbeit in Kapitel fünf aufgegriffen, auch weil die erstmalige Umsetzung der Dämmung der allererste Schritt zur Zielerreichung ist. Das Nutzerverhalten muss dann erst im Nachgang entsprechend dem neuen modernen Gebäudestandard angepasst werden, welcher grundsätzlich nur durch die voranschreitende Weiterentwicklung vieler Baustoffe und Techniken möglich ist.

7. Literaturverzeichnis

o. V.: Bauphysik - Die Bitumenbahn, o. O., Stand: o. A., https://www.derdichte-bau.de/bauphysik.1594.htm, Letzter Zugriff 17.04.2019.

Bounin, K.; Graf, W.; Schulz, P. (2010): Schallschutz, Wärmeschutz, Feuchteschutz, Brandschutz, Vollst. überarb. Neuausg, München.

Die EinsparBerater OHG: Bauphysikalische Grundlagen von Dämmstoffen - DieEinspar-Infos.de, Hannover, Stand: o. A., http://www.dieeinsparinfos.de/moderniesierungsratgeber/daemmung/infos-zur-waermedaemmung/daemmung-physikalische-grundlagen/, Letzter Zugriff 10.04.2019.

Dr. Martin H. Spitzner: Neue DIN 4108-2 "Mindestanforderungen an den Wärmeschutz", Rosenheim, Stand: o. A.

Drewer, A. (2013): Wärmedämmstoffe. Köln.

Duzia, T.; Bogusch, N. (2014): Basiswissen Bauphysik, 2., aktualisierte Aufl., Stuttgart.

o. V.: Energiesparen | Fenster und Türen Welt, o. O., Stand: o. A., https://www.fenster-und-tueren-welt.de/service/serviceenergiesparen/, Letzter Zugriff 04.05.2019.

Gärtner, G.; Lotz, A. (2010): Wärmeschutz in der Praxis. Stuttgart.

Königstein, T. (2014): Ratgeber energiesparendes Bauen und Sanieren, 6., aktualisierte und erw. Aufl., Taunusstein.

Schild, K.; Willems, W. M. (2011): Wärmeschutz, Wiesbaden.

Volland, K.; Volland, J. (2014): Wärmeschutz und Energiebedarf nach EnEV 2014 - Kombi, 4., aktualisierte und erw. Aufl., Köln.

BEI GRIN MACHT SICH IHR WISSEN BEZAHLT

- Wir veröffentlichen Ihre Hausarbeit,
  Bachelor- und Masterarbeit

- Ihr eigenes eBook und Buch -
  weltweit in allen wichtigen Shops

- Verdienen Sie an jedem Verkauf

Jetzt bei www.GRIN.com hochladen
und kostenlos publizieren